农业国家与行业标准概要

（2009）

农业部农产品质量安全监管局
农业部科技发展中心　编

中国农业出版社

前　言

改革开放以来，特别是近十年来，我国农业标准化工作取得显著成效。截至2009年底，农业部组织制订完成农业国家标准及行业标准3 271项。农业标准体系的建立与不断完善，为保障农产品质量安全水平、规范市场秩序、提高农产品竞争力发挥了重要作用。

本书收集整理了2009年农业部组织制定和批准发布的372项农业国家和行业标准。为方便读者查阅，按照九个类别进行归类编排，分别为农业综合、种植业、畜牧兽医、渔业、农垦、农牧机械、农村能源、绿色食品、有机食品。

由于时间仓促，编印过程中难免出现疏漏及不当之处，敬请广大读者批评指正。

编　者

2010 年 12 月

目　　录

4 渔业 ····································· 40

1 农业综合

1.1 农业综合

标准号	被代替标准号	标准名称	起草单位	范　围
NY/T 1715—2009		农业建设项目初步设计文件编制规范	农业部工程建设服务中心、农业部规划设计研究院	本标准适用于使用政府投资农业建设项目初步设计文件的编制、评审、批复；使用其他投资兴建的农业建设项目可参照执行。
NY/T 1716—2009		农业建设项目投资估算内容与方法	农业部工程建设服务中心	本标准适用于使用政府投资农业建设项目可行性研究投资估算的编制、评审、批复。使用其他投资建设项目，以及编制、评审、批复建设规划、项目建议书可参照执行。
NY/T 1717—2009		农业建设项目验收技术规程	农业部工程建设服务中心	本规程适用于使用政府投资农业建设项目验收工作；使用其他投资建设项目可参照执行。
NY/T 1718—2009		农业非营利性建设项目经济评价方法	农业部工程建设服务中心、中国农业大学经济管理学院	本标准规定了农业非营利性建设项目的定义和评价方法，以及农业非营利性项目投资的细化的评价指标。本标准适用于农业非营利性建设项目的申报、评估与审批。

标准号	被代替标准号	标准名称	起草单位	范　围
NY/T 1719—2009		农业建设项目通用术语	农业部工程建设服务中心	本标准规定了农业建设项目中通用名词术语的内涵和定义的内涵和外延。本标准适用于以政府为投资主体的农业建设项目规划、立项、实施、竣工验收和后评价等项目建设管理，也适用于其他农业建设项目。
NY/T 1761—2009		农产品质量安全追溯操作规程通则	中国农垦经济发展中心	本标准规定了农产品质量安全追溯的术语与定义、实施原则与要求、体系实施、信息管理、体系运行自查、质量安全问题处置。本标准适用于农产品质量安全追溯体系的建立与实施。

2 种植业

2.1 种植业综合

标准号	被代替标准号	标准名称	起草单位	范　　围
NY/T 1741—2009		蔬菜名称及计算机编码	农业部蔬菜品质监督检验测试中心（北京）	本标准规定了蔬菜名称及相应的计算机编码。 本标准适用于蔬菜生产、流通及有关的科学研究工作，不适用于植物分类工作。
NY/T 1762—2009		农产品质量安全追溯操作规程　水果	中国农垦经济发展中心、农业部热带农产品质量监督检验测试中心	本标准规定了水果质量安全追溯的术语和定义、要求、信息管理、信息采集、编码方法、追溯标识、体系运行自检、质量安全问题处置。 本标准适用于水果质量安全追溯体系的实施。
NY/T 1763—2009		农产品质量安全追溯操作规程　茶叶	中国农垦经济发展中心、农业部蔬菜水果质量监督检验测试中心（广州）	本标准规定了茶叶质量安全追溯的术语和定义、要求、信息管理、信息采集、编码方法、追溯标识、体系运行自检、质量安全应急。 本标准适用于茶叶质量安全的追溯。
NY/T 1765—2009		农产品质量安全追溯操作规程　谷物	中国农垦经济发展中心、农业部谷食品质量监督检验测试中心（佳木斯）	本标准规定了谷物质量安全追溯术语和定义、要求、信息管理、信息采集、编码方法、追溯标识、系统运行自检和质量安全应急。 本标准适用于稻米、麦类、玉米、粟、高粱的质量安全追溯。

（续）

标准号	被代替标准号	标准名称	起草单位	范围
NY/T 1778—2009		新鲜水果包装标识 通则	中国农业科学院果树研究所、农业部果品及苗木质量监督检验测试中心（兴城）	本标准规定了新鲜水果的包装标识。本标准适用于新鲜水果的包装标识。

2.2 种子种苗

标准号	被代替标准号	标准名称	起草单位	范围
NY/T 1730—2009		食用菌菌种真实性鉴定 ISSR法	中国农业科学院农业资源与农业区划研究所、农业部微生物肥料和食用菌菌种质量监督检验测试中心	本标准规定了ISSR技术鉴定食用菌菌种真实性的方法。本标准适用于糙皮侧耳（Pleurotus ostreatus）、香菇（Lentinula edodes）、黑木耳（Auicularia auricula）、白灵菇（Pleurotus nebrodensis）、杏鲍菇（Pleurotus eryngii）、白黄侧耳（Pleurotus cornucopiae）、肺形侧耳（Pleurotus pulmonarius）、佛州侧耳（Pleurotus floridanus）、灰树花（Grifola frondosa）、金针菇（Flammulina velutipes）、滑菇（Pholiota nameko）、茶树菇（Agrocybe cylindracea）、鸡腿菇（Coprinus comatus）等食用菌菌种真实性的鉴定，包括母种（一级种）、原种（二级种）和栽培种。

标准号	被代替标准号	标准名称	起草单位	范　围
NY/T 1731—2009		食用菌菌种良好作业规范	中国农业科学院农业资源与农业区划研究所、农业部微生物肥料和食用菌菌种质量监督检验测试中心	本标准规定了食用菌菌种生产厂房、生产资质、环境质量、原料管理、生产过程管理、菌种保藏、出菇试验、设备管理、质量检验、不合格品处理、质量审核、菌种档案、人员管理及安全管理等的要求。本标准适用于食用菌菌种生产。
NY/T 1732—2009		桑蚕品种生产鉴定方法	中国农业科学院蚕业研究所、农业部蚕桑产品质量监督检验测试中心（镇江）、浙江省蚕种管理所、江苏省蚕种管理所、四川省农业科学院蚕业研究所	本标准规定了桑蚕品种（杂交组合）生产鉴定的定义、方法和要求。本标准适用于桑蚕品种（杂交组合）的生产鉴定。
NY/T 1734—2009		杂交棉人工去雄制种技术操作规程	国家棉花改良中心安庆分中心、安徽省农业科学院棉花研究所、中国农业科学院棉花研究所、全国农业技术推广服务中心、海南省棉花科学研究所	本标准规定了用人工去雄、人工授粉方式生产棉花一代杂种种子对制种方式、亲本质量、制种田选择、前期准备、栽培管理、人工去雄、人工授粉、收获等环节的技术要求和质量控制要求。本标准适用于我国各大棉区。
NY/T 1735—2009		根瘤菌生产菌株质量评价技术规范	农业部微生物肥料和食用菌菌种质量监督检验测试中心、中国农业科学院农业资源与农业区划研究所	本标准规定了根瘤菌生产菌株质量评价的要求、方法和规则。本标准适用于豆科作物接种剂生产的根瘤菌菌株。

（续）

标准号	被代替标准号	标准名称	起草单位	范围
NY/T 1737—2009		引进农作物种质资源试种鉴定技术规程	农业部作物品种资源监督检验测试中心、中国农业科学院作物科学研究所、国家农作物基因资源与基因改良重大科学工程开放实验室	本标准规定了国外引进农作物种质资源的术语和定义、试种鉴定程序和要求。本标准适用于国外引进农作物种质资源（转基因农作物除外）的试种鉴定。
NY/T 1742—2009		食用菌菌种通用技术要求	中国农业科学院农业资源与农业区划研究所、农业部微生物肥料和食用菌菌种质量监督检验测试中心	本标准规定了食用菌各级菌种的质量要求、试验方法、抽样、标志、包装、运输和贮存。本标准适用于平菇（糙皮侧耳，*Pleurotus ostreatus*）、白黄侧耳（*Pleurotus cornucopiae*）、肺形侧耳（*Pleurotus pulmonarius*）、佛州侧耳（*Pleurotus floridanus*）、香菇（*Lentinula edodes*）、黑木耳（*Auricularia auricula*）、毛木耳（*Auricularia polytricha*）、双孢蘑菇（*Agaricus bisporus*）、金针菇（*Flammulina velutipes*）、榆黄蘑（*Pleurotus citrinopileatus*）、白灵菇（*Pleurotus nebrodensis*）、杏鲍菇（*Pleurotus eryngii*）、茶树菇（*Agrocybe cylindracea*）、鸡腿菇（*Coprinus comatus*）、灵芝（*Ganoderma lucidum*）、茯苓（*Poria cocos*）、猴头菌（*Hericium erinaceus*）、灰树花（*Grifola frondosa*）、滑菇（*Pholiota nameko*）等食用菌的母种（一级种）、原种（二级种）和栽培种（三级种）。

（续）

标准号	被代替标准号	标准名称	起草单位	范围
NY/T 1743—2009		食用菌菌种真实性鉴定RAPD法	中国农业科学院农业资源与农业区划研究所、农业部微生物肥料和食用菌菌种质量监督检验测试中心	本标准规定了RAPD技术鉴定食用菌菌种真实性的方法。本标准适用于对糙皮侧耳（*Pleurotus ostreatus*）、白黄侧耳（*Pleurotus cornucopiae*）、肺形侧耳（*Pleurotus pulmonarius*）、佛州侧耳（*Pleurotus floridanus*）、杏鲍菇（*Pleurotus eryngii*）、白灵菇（*Pleurotus nebrodensis*）、香菇（*Lentinula edodes*）、双孢蘑菇（*Agaricus bisporus*）、黑木耳（*Auicularia auricula*）、茶树菇（*Agrocybe cylindracea*）、鸡腿菇（*Coprinus comatus*）、金针菇（*Flammulina velutipes*）、灰树花（*Grifola frondosa*）等食用菌菌种真实性的鉴定，包括母种（一级种）、原种（二级种）和栽培种（三级种）。
NY/T 1744—2009		切花百合脱毒种球	农业部花卉产品质量监督检验测试中心（昆明）、云南省农业科学院花卉研究所、云南省农业科学院质量标准与检测技术研究所、云南省花卉产业联合会	本标准规定了各级切花百合脱毒种球的术语和定义、检测对象、抽样、检测和生产维护、质量要求和判定原则。本标准适用于各级切花百合脱毒种球繁育、生产及销售过程中的质量鉴定和认证等。

标准号	被代替标准号	标准名称	起草单位	范　围
NY/T 1745—2009		切花月季脱毒种球	农业部花卉产品质量监督检验测试中心（昆明）、云南省农业科学院花卉研究所、云南省农业科学院质量标准与检测技术研究所、昆明市农业局	本标准规定了各级切花月季脱毒种球的术语和定义、检测对象、抽样、检测与生产维护、质量要求和判定原则。本标准适用于各级切花月季脱毒苗生产及销售过程中的质量鉴定和认证等。
NY/T 1779—2009		棉花南繁技术操作规程	中国农业科学院棉花研究所、农业部棉花品质监督检验测试中心	本标准规定了我国棉花反季节南繁的术语和定义、气候和土壤条件、整地与播种、田间管理、病虫害防治及收获。本标准适用于南繁棉田。
NY/T 1780—2009		苜蓿种子生产技术规程	农业部牧草与草坪草种子质量监督检验检测中心（呼和浩特）、农业部牧草与草坪草种子质量监督检验测试中心	本标准规定了紫花苜蓿（*Medicago sativa*）、杂花苜蓿（*Medicago varia*）种子生产中对环境条件要求、种子田的准备、播种材料的准备、播种技术、种子田管理、收获、种子田收获后的管理、清洗、分级、包装等条件与技术。本标准适用于北方地区紫花苜蓿和杂花苜蓿种子的生产。

（续）

标准号	被代替标准号	标准名称	起草单位	范　　围
NY/T 1781—2009		青蒿原种生产技术规程	湖北省恩施土家族苗族自治州农业科学院、湖北省农业科技创新中心鄂西综合试验站、湖北省恩施土家族苗族自治州清江生物工程有限公司、湖北省恩施土家族苗族自治州农业科学院药物园艺研究所、湖北省农业厅、湖北省质量技术监督局、湖北省恩施土家族苗族自治州质量技术监督局、湖北民族学院分析测试中心	本标准规定了青蒿原种生产的术语和定义，种子生产程序和方法。 本标准适用于青蒿原种生产。
NY/T 1784—2009		农作物品种实验技术规程　甘蔗	农业部甘蔗及制品质量监督检验测试中心、广东省湛江农垦科学研究所	本标准规定了甘蔗品种实验中心试验点的选择、参试品种确定、试验设计、田间管理、记载项目、数据处理、报告撰写的原则和技术、评价参试品种的办法。本标准适用于国家和地方甘蔗品种试验方案制定和组织实践。
NY/T 1785—2009		甘蔗种茎生产技术规程	农业部甘蔗及制品质量监督检验测试中心	本规程规定了甘蔗种茎生产中的品种选择、种茎繁育、田间管理、病虫害防治及检疫等技术要求与种茎砍收、运输等技术措施。

标准号	被代替标准号	标准名称	起草单位	范　围
NY/T 1787—2009		糖料甘蔗生产技术规程	农业部甘蔗及制品质量监督检验测试中心	本标准规定了糖料甘蔗的主要经济技术指标、主要栽培措施和收获。本标准适用于全国甘蔗产区糖料甘蔗生产。
NY/T 1805—2009		胡椒种苗黄瓜花叶病毒检测技术规范	中国热带农业科学院热带生物技术研究所、国家重要热带作物工程技术研究中心	本标准规定了胡椒种苗黄瓜花叶病毒（Cucumber mosaic virus, CMV）双抗夹心酶联免疫吸附测定（DAS - ELISA）及反转录—聚合酶链式反应（RT - PCR）分子生物学检测方法。本标准适用于胡椒插条苗以及插条苗中的黄瓜花叶病毒的检测。

2.3　土壤与肥料

标准号	被代替标准号	标准名称	起草单位	范　围
GB/T 23739—2009		土壤质量　有效态铅和镉的测定　原子吸收法	农业部环境保护监测所	本标准规定了土壤中有效态铅和镉的原子吸收光谱测定方法。本标准适用于土壤中有效态铅和镉适用于火焰原子吸收分光度法；土壤中的有效态镉含量在 0.5mg/kg 以上，适用于火焰原子吸收分光度法；土壤中的有效态镉含量在 0.5mg/kg 以下，适用于石墨炉原子吸收分光度法。

标准号	被代替标准号	标准名称	起草单位	范围
NY/T 1736—2009		微生物肥料菌种鉴定技术规范	农业部微生物肥料和食用菌菌种质量监督检验测试中心、中国农业科学院农业资源与农业区划研究所	本标准规定了微生物肥料使用菌种鉴定程序与方法的选用原则。本标准适用于微生物肥料科研、教学、质检和生产等领域中的菌种鉴定。
NY/T 1749—2009		南方地区耕地土壤肥力诊断与评价	农业部农产品质量安全监督检验测试中心（南京）、江苏省农林厅土壤肥料技术中心、广东省农业科学院、江苏宜兴市土肥站、江苏海安县土肥站	本标准规定了南方地区耕地土壤肥力诊断与评价的相关术语和定义、野外调查与资料收集、土样采集、肥力评价方法、诊断与评价报告技术内容。本标准适用于南方地区耕地土壤肥力诊断、土壤肥力评价等。
NY/T 1782—2009		农田土壤墒情检测技术规范	全国农业技术推广服务中心、中国农业科学院农业环境与可持续发展研究所、安徽省土壤肥料总站、甘肃省农业节水与土壤肥料管理总站、陕西省土壤肥料工作站	本标准规定了农田土壤墒情检测的术语和定义、自动检测站的设置、农田监测点的设置、土壤含水量及相关参数的测定方法、数据采集、农田墒情评价及数据汇总、农田旱情评价及农田土壤墒情报告编写。本标准适用于农田土壤墒情检测。

2.4 植保与农药

标准号	被代替标准号	标准名称	起草单位	范　围
GB/T 8321.9—2009		农药合理使用准则（九）	农业部农药检定所	本部分规定了 56 种农药在 23 种作物上 69 项合理使用准则。本部分适用于农作物病、虫、草害的防治。
GB/T 13917.1—2009	GB/T 13917.1—1992, GB/T 17322.1—1998	农药登记用卫生杀虫剂室内药效试验及评价 第 1 部分：喷射剂	农业部农药检定所，军事医学科学院微生物流行病研究所	GB/T 13917 的本部分规定了喷射剂的室内药效测定方法及评价标准。本部分适用于喷射剂和经用水或稀油剂释后使用的卫生杀虫剂产品在农药登记时对卫生害虫蚊、蝇、蚂蚁、跳蚤进行喷雾或滞留喷洒的药效测定及评价。
GB/T 13917.2—2009	GB/T 13917.2—1992, GB/T 17322.2—1998	农药登记用卫生杀虫剂室内药效试验及评价 第 2 部分：气雾剂	农业部农药检定所，军事医学科学院微生物流行病研究所	GB/T 13917 的本部分规定了气雾剂的室内药效测定方法及评价标准。本部分适用于气雾剂在农药登记时对卫生害虫蚊、蝇、蜚蠊进行直接喷雾的药效测定及评价。
GB/T 13917.3—2009	GB/T 13917.3—1992, GB/T 17322.3—1998	农药登记用卫生杀虫剂室内药效试验及评价 第 3 部分：烟剂及烟片	农业部农药检定所，吉林省疾病预防控制中心，天津市疾病预防控制中心，广东省疾病控制预防中心	GB/T 13917 的本部分规定了烟剂及烟片的药效测定方法及评价标准。本部分适用于烟剂及烟片在农药登记时对卫生害虫蚊、蝇、蜚蠊进行烟雾处理的药效测定及评价。

（续）

标准号	被代替标准号	标准名称	起草单位	范围
GB/T 13917.4—2009	GB/T 13917.4—1992, GB/T 17322.4—1998	农药登记用卫生杀虫剂室内药效试验及评价 第4部分：蚊香	农业部农药检定所、吉林省疾病预防控制中心、天津市疾病控制预防中心、广东省疾病控制预防中心、南京军区军事医学科学研究所、军事医学科学院微生物流行病研究所	GB/T 13917 的本部分规定了蚊香的室内药效测定方法及评价标准。本部分适用于蚊香在农药登记时对蚊进行熏杀处理的药效测定及评价。
GB/T 13917.5—2009	GB/T 13917.5—1992, GB/T 17322.5—1998	农药登记用卫生杀虫剂室内药效试验及评价 第5部分：电热蚊香片	农业部农药检定所、吉林省疾病预防控制中心、天津市疾病控制预防中心、广东省疾病控制预防中心、南京军区军事医学科学研究所、军事医学科学院微生物流行病研究所	GB/T 13917 的本部分规定了电热蚊香片的室内药效测定方法及评价。本部分适用于电热蚊香片在农药登记时对蚊进行熏杀处理的药效测定及评价。
GB/T 13917.6—2009	GB/T 13917.6—1992, GB/T 17322.6—1998, GB/T 17322.7—1998	农药登记用卫生杀虫剂室内药效试验及评价 第6部分：电热蚊香液	农业部农药检定所、军事医学科学院微生物流行病研究所、南京军区军事医学研究所	GB/T 13917 的本部分规定了电热蚊香液的室内药效测定方法及评价。本部分适用于电热蚊香液在农药登记时对蚊进行熏杀处理的药效测定及评价。
GB/T 13917.7—2009	GB/T 13917.7—1992, GB/T 17322.8—1998	农药登记用卫生杀虫剂室内药效试验及评价 第7部分：饵剂	农业部农药检定所、天津市疾病预防控制中心、南京军区军事医学研究所、军事医学科学院微生物流行病研究所	GB/T 13917 的本部分规定了饵剂的室内药效测定方法及评价标准。本部分适用于除昆虫生长调节剂类(IGR)的饵剂在农药登记时对卫生害虫蝇、蜚蠊和蚂蚁进行毒杀的药效测定及评价。

标准号	被代替标准号	标准名称	起草单位	范　　围
GB/T 13917.8—2009	GB/T 17322.9—1998	农药登记用卫生杀虫剂室内药效试验及评价 第8部分：粉剂、笔剂	农业部农药检定所、军事医学科学院微生物流行病研究所、吉林省疾病预防控制中心	GB/T 13917 的本部分规定了粉剂和笔剂的室内药效测定方法及评价标准。本部分适用于粉剂和笔剂在农药登记时对卫生害虫蜚蠊、蚂蚁、跳蚤进行毒杀处理的药效测定及评价。
GB/T 13917.9—2009	GB/T 17322.10—1998	农药登记用卫生杀虫剂室内药效试验及评价 第9部分：驱避剂	农业部农药检定所、军事医学科学院微生物流行病研究所、天津市疾病预防控制中心	GB/T 13917 的本部分规定了驱避剂的室内药效测定方法及评价标准。本部分适用于驱避剂在农药登记时对叮咬骚扰性卫生害虫蚊的驱避效果的药效测定及评价。
GB/T 13917.10—2009	GB/T 13917.8—1992、GB/T 17322.11—1998	农药登记用卫生杀虫剂室内药效试验及评价 第10部分：模拟现场	农业部农药检定所、军事医学科学院微生物流行病研究所、天津市疾病预防控制中心	GB/T 13917 的本部分规定了卫生用杀虫剂的模拟现场药效测定方法及评价标准。本部分适用于卫生杀虫剂在农药登记时对卫生害虫蚊、蝇、蜚蠊、蚂蚁进行模拟现场的药效测定及评价。
GB/T 15790—2009	GB/T 15790—1995	稻瘟病测报调查规范	全国农业技术推广服务中心	本标准规定了稻瘟病发病程度记载项目和分级指标、病情系统调查和普查方法、测报资料收集和汇总归档要求。本标准适用于稻瘟病的测报调查，有关研究及生产单位可参考执行。
GB/T 15798—2009	GB/T 15798—1995	黏虫测报调查规范	全国农业技术推广服务中心	本标准规定了黏虫成虫诱测、卵量调查、幼虫调查、迁出区发生情况调查、预报资料表册、调查数据的收集和传输等方面的技术方法。本标准适用于黏虫测报调查。

标准号	被代替标准号	标准名称	起草单位	范　围
GB/T 17980.149—2009		农药田间药效试验准则（二） 第149部分：杀虫剂防治红火蚁	华南农业大学、农业部农药检定所、广东省农药检定所、深圳市农业植物检疫站	本部分规定了杀虫剂，包括作用方式为触杀、胃毒、生长调节剂的固体制剂、液体制剂、乳液制剂、悬浮制剂等防治红火蚁（Solenopsis invicta Buren）田间（农田、非耕地、绿化地、苗木花卉圃等）药效小区试验的方法和基本要求。本部分适用于杀虫剂防治红火蚁的田间药效小区试验。其他剂型杀虫剂对红火蚁田间药效试验参照本部分执行。
GB/T 22101.2—2009		棉花抗病虫性评价技术规范 第2部分：蚜虫	中国农业科学院植物保护研究所、全国农业技术推广服务中心	本部分规定了棉花抗棉蚜性鉴定方法和抗棉蚜性评价标准。本部分适用于棉花抗棉蚜性鉴定和棉蚜性评价。
GB/T 22101.3—2009		棉花抗病虫性评价技术规范 第3部分：红铃虫	中国农业科学院植物保护研究所、全国农业技术推广服务中心	本部分规定了转基因棉花、杂交棉花和常规棉花抗棉红铃虫性鉴定方法和抗虫性评价。本部分适用于转基因棉花、杂交棉花和常规棉花抗棉红铃虫性鉴定和抗虫性评价。
GB/T 22101.4—2009		棉花抗病虫性评价技术规范 第4部分：枯萎病	中国农业科学院植物保护研究所、全国农业技术推广服务中心	本部分规定了棉花抗枯萎病〔病原菌：尖镰孢萎蔫专化型[Fusarium oxysporum Schl. f. sp. vasinfectum（Atk.）Snyder et Hansen]〕的鉴定方法和抗病性评定标准。本部分适用于棉花抗枯萎病性鉴定和抗病性评定。

标准号	被代替标准号	标准名称	起草单位	范　　围
GB/T 22101.5—2009		棉花抗病虫性评价技术规范　第5部分：黄萎病	中国农业科学院植物保护研究所、全国农业技术推广服务中心	本部分规定了棉花抗黄萎病［病原菌：大丽轮枝菌（*Verticillium dahliae* Kleb.）］鉴定方法和抗性评定标准。本部分适用于棉花黄萎病抗性鉴定和抗性评定。
GB/T 24501.2—2009		小麦条锈病、吸浆虫防治技术规范　第2部分：小麦吸浆虫	中国农业科学院植物保护研究所	本部分规定了小麦吸浆虫综合防治技术措施。本部分适用于小麦吸浆虫防治。
NY/T 1154.15—2009		农药室内生物测定试验准则　杀虫剂　第15部分：地下害虫　浸虫法	农业部农药鉴定所	本部分规定了浸虫法测定杀虫剂对地下害虫生物活性试验的基本要求和方法。本部分适用于蛴螬类（大黑鳃金龟 *Holotrichia parallela* M.、暗黑鳃金龟 *Holotrichia F.*、铜绿丽金龟 *Anomala corpulenta* M. 等）、蝼蛄类（华北蝼蛄 *Gryllotalap unispina* Saussure、非洲蝼蛄 *G. africana* Palisot de Beauvois）、小地老虎 *Agrotis ypsilon*（Rottemberg）、金针虫类［沟金针虫 *Pleomomus canalicuatus*（Faldermann）、细胸金针虫 *Agriotes fuscicollis* Miwa 等］地下害虫的室内生物活性测定试验。

（续）

标准号	被代替标准号	标准名称	起草单位	范围
NY/T 1156.17—2009		农药室内生物测定试验准则 杀菌剂 第17部分：抑制玉米丝黑穗病菌活性试验浑浊度—酶联板法	农业部农药鉴定所	本部分规定了浑浊度—酶联板法测定杀菌剂对抑制玉米丝黑穗病菌活性试验的仪器设备、试剂与材料、试验步骤、试验方法、数据统计及分析。本部分适用于测定杀菌剂对玉米黑穗病菌孢子萌发和菌丝生长抑制作用的农药登记室内试验。
NY 1500.41.3～1500.41.6—2009 NY 1500.50～1500.92—2009		农药最大残留限量	农业部农药鉴定所	本标准规定了农产品中艾氏剂等44种农药的最大残留限量。本标准适用于本标准中表1所列农药对应的农产品。
NY/T 1679—2009		植物性食品中氨基甲酸酯类农药残留的测定 液相色谱—串联质谱法	农业部热带农产品质量监督检验测试中心	本标准规定了植物性食品中抗蚜威、硫双威、灭多威、克百威、甲萘威、异丙威、仲丁威和甲硫威残留测定的液相色谱—串联质谱测定方法。本标准适用于蔬菜、水果中上述8种氨基甲酸酯类农药残留量的测定。本标准方法检出限：抗蚜威为0.003mg/kg，硫双威为0.020mg/kg，克百威为0.001mg/kg，灭多威为0.001mg/kg，甲萘威为0.005mg/kg，异丙威为0.010mg/kg，甲丁威为0.005mg/kg，仲丁威为0.003mg/kg，甲硫威为0.003mg/kg。

（续）

标准号	被代替标准号	标准名称	起草单位	范围
NY/T 1680—2009		蔬菜水果中多菌灵等4种苯并咪唑类农药残留量的测定 高效液相色谱法	中国水稻研究所、农业部稻米及制品质量监督检验测试中心	本标准规定了用反相离子对高效液相色谱法测定蔬菜、水果中多菌灵、噻菌灵、甲基硫菌灵和2-氨基苯并咪唑残留量的方法。本标准适用于蔬菜、水果中多菌灵、噻菌灵、甲基硫菌灵和2-氨基苯并咪唑残留量的测定。本标准方法检出限：多菌灵为0.07mg/kg，甲基硫菌灵为0.09mg/kg，噻菌灵为0.05mg/kg，2-氨基苯并咪唑为0.01mg/kg。
NY/T 1705—2009		外来昆虫风险分析技术规程 椰心叶甲	中国农业科学院、中国农业大学	本标准规定了对椰心叶甲进行风险分析的技术方法。本标准适用于对椰心叶甲进行风险分析。
NY/T 1706—2009		外来昆虫风险分析技术规程 红棕象甲	中国农业科学院、中国农业大学	本标准规定了对红棕象甲进行风险分析的技术方法。本标准适用于对红棕象甲进行风险分析。
NY/T 1707—2009		外来植物风险分析技术规程 飞机草	中国农业科学院、中国农业大学	本标准规定了对飞机草进行风险分析的技术方法。本标准适用于对飞机草进行风险分析。

标准号	被代替标准号	标准名称	起草单位	范　围
NY/T 1720—2009		水果、蔬菜中杀铃脲等七种苯甲酰脲类农药残留量的测定 高效液相色谱法	农业部农产品质量监督检验测试中心（杭州）	本标准规定了用高效液相色谱测定蔬菜、水果中除虫脲、灭幼脲、氟虫脲、氟铃脲、氟啶脲和氟苯脲等七种苯甲酰脲类农药残留的方法。本标准适用于番茄、甘蓝、黄瓜、大白菜、梨、桃、柑橘、苹果蔬菜、水果中上述七种农药残留量的测定。本标准方法的检出限均为 0.05mg/kg。
NY/T 1721—2009		茶叶中炔螨特残留量的测定 气相色谱法	农业部农产品质量监督检验测试中心（杭州）	本标准规定了用气相色谱测定茶叶中炔螨特（克螨特）残留量的方法。本标准适用于茶叶中炔螨特残留量的测定。本标准方法的检出限为 0.5mg/kg。
NY/T 1722—2009		蔬菜中敌菌灵农药残留量的测定 高效液相色谱法	农业部蔬菜品质监督检验测试中心（北京）	本标准规定了用新鲜蔬菜中敌菌灵残留量的高效液相色谱测定方法。本标准适用于番茄、菜豆、黄瓜、甘蓝、白菜、芹菜、胡萝卜等蔬菜中敌菌灵残留量的测定。本标准方法的检出限为 0.01mg/kg。
NY/T 1723—2009		食品中富马酸二甲酯的测定 高效液相色谱法	农业部农产品质量监督检验测试中心（上海）	本标准规定了用高效液相色谱法测定食品中富马酸二甲酯含量的方法。本标准适用于乳与乳制品、肉制品、饮料、糕点、蜜饯、酱腌菜等食品中富马酸二甲酯含量的测定。本标准方法的检出限为 0.05mg/kg。

标准号	被代替标准号	标准名称	起草单位	范　　围
NY/T 1724—2009		茶叶中吡虫啉残留量的测定　高效液相色谱法	安徽农业大学	本标准规定了茶叶中吡虫啉农药残留量的高效液相色谱测定方法。本标准适用于茶叶中吡虫啉农药残留量的测定。本标准方法的检出限为 0.05mg/kg。
NY/T 1725—2009		蔬菜中灭蝇胺残留量的测定　高效液相色谱法	农业部蔬菜品质监督检验测试中心（北京）	本标准规定了新鲜蔬菜中灭蝇胺残留量的高效液相色谱测定方法。本标准适用于番茄、菜豆、黄瓜、甘蓝、大白菜、芹菜、萝卜等蔬菜中灭蝇胺残留量的测定。本标准方法的检出限为 0.02mg/kg。
NY/T 1726—2009		蔬菜中非丰草隆等 15 种取代脲类除草剂残留量的测定　液相色谱法	中国水稻研究所、农业部稻米及制品品质量监督检验测试中心	本标准规定了用液相色谱法测定蔬菜中非丰草隆、丁噻隆、甲氧隆、灭草隆、绿麦隆、伏草隆、异丙隆、敌草隆、绿谷隆、溴谷隆、炔草隆、利谷隆、氟溴隆、草不隆等 15 种取代脲类除草剂残留量的方法。本标准适用于蔬菜中上述 15 种取代脲类除草剂残留量的测定。本标准方法的检出限为 0.005mg/kg～0.05mg/kg。

标准号	被代替标准号	标准名称	起草单位	范　围
NY/T 1727—2009		稻米中吡虫啉残留量的测定 高效液相色谱法	中国水稻研究所、农业部稻米及制品质量监督检验测试中心	本标准规定了用高效液相色谱法测定精米、糙米、稻谷中吡虫啉残留量的方法。 本标准适用于稻米中吡虫啉残留量的测定。 本标准方法的检出限为 0.005mg/kg。
NY/T 1728—2009		水体中甲草胺等六种酰胺类除草剂的多残留量测定 气相色谱法	中国农业大学理学院、农业部农产品质量监督检验测试中心（北京）	本标准规定了用气相色谱法测定水中甲草胺、乙草胺、丙草胺、丁草胺、异丙甲草胺和吡氟草胺等六种酰胺类除草剂残留量的方法。 本标准适用于水中上述六种酰胺类除草剂残留量的测定。 本标准方法的检出限：甲草胺和乙草胺为 0.02ug/L；丙草胺为 0.05ug/L；丁草胺、异丙甲草胺和吡氟草胺为 0.03ug/L。 本标准方法的线性范围为 0.025mg/L～5mg/L。
NY/T 1783—2009		马铃薯晚疫病防治技术规范	全国农业技术推广服务中心、内蒙古植保植检站、黑龙江省植检植保站、甘肃省植保植检站、贵州省植保植检站	本标准规定了马铃薯晚疫病的防治策略、主要防治技术。本标准适用于全国马铃薯生产区马铃薯晚疫病的防治。

标准号	被代替标准号	标准名称	起草单位	范　围
NY/T 1803—2009		剑麻主要病虫害防治技术规程	广东省湛江农垦局	本标准规定了斑马纹病、茎腐病、新菠萝灰粉蚧三种剑麻主要病虫害防治技术。 本标准适用于剑麻产区的剑麻病虫害防治。
NY/T 1804—2009		甘蔗花叶病毒检测技术规范	中国热带农业科学院热带生物技术研究所、国家重要热带作物作物工程技术研究中心	本标准规定了甘蔗花叶病毒（Sugarcane mosaic virus，SCMV）双抗夹心酶联免疫吸附测定（DAS-ELISA）及反转录—聚合酶链式反应（RT-PCR）分子生物学检测方法。 本标准适用于甘蔗种茎、甘蔗组培苗中的甘蔗花叶病毒的检测。
NY/T 1806—2009		红江橙主要病虫害防治技术规程	广东省湛江农垦局、广东省农业科学院植物保护研究所	本标准规定了红江橙生产上的主要病虫害防治技术。 本标准适用于红江橙产区的红江橙生产。
NY/T 1807—2009		香蕉镰刀菌枯萎病诊断及疫情处理规范	中国热带农业科学院热带生物技术研究所、中国热带农业科学院环境与植物保护研究所、国家重要热带作物工程技术研究中心	本标准规定了香蕉镰刀菌枯萎病的术语和定义、田间诊断、取样、实验室检验、结果判定及疫情处理。本标准适用于尖孢镰刀菌古巴专化型（Fusarium oxysporum f. sp. cubense）4号生理小种侵染而引起的香蕉镰刀菌枯萎病的诊断和疫情应急处理。

标准号	被代替标准号	标准名称	起草单位	范　　围
NY/T 1833.1—2009		农药室内生物测定试验准则　杀线虫剂　第 1 部分：抑制植物病原线虫试验　浸虫法	农业部农药检定所	本部分规定了浸虫法测定杀线虫剂抑制植物病原线虫活性试验的基本要求和方法。本部分适用于测定杀线虫剂对植物病原线虫活性的农药登记室内试验。

2.5　粮油作物及产品

标准号	被代替标准号	标准名称	起草单位	范　　围
GB/T 23890—2009		油菜籽中芥酸及硫苷的测定　分光光度法	农业部油料及制品质量监督检验测试中心、中国农业科学院油料作物研究所	本标准规定了油菜籽中芥酸、硫苷含量测定的分光光度法。本标准适用于双低油菜种子和商品籽中芥酸、硫苷含量的快速检测。
NY/T 1738—2009		农作物及其产品中磷含量的测定　分光光度法	中国水稻研究所、农业部稻米及制品质量监督检验测试中心	本标准规定了农作物及其产品中磷含量的分光光度测定法。本标准适用于农作物及其产品中磷的测定。本标准方法的线性范围为 1.0mg/L～20mg/L。本标准方法的检出限为 6ug。

（续）

标准号	被代替标准号	标准名称	起草单位	范围
NY/T 1739—2009		小麦抗穗发芽性检测方法	农业部作物品种资源监督检验测试中心、中国农业科学院作物科学研究所、国家农作物基因资源与基因改良重大科学工程、江苏省农业科学院粮食作物研究所	本标准规定了小麦抗穗发芽性的离体整穗检测方法。本标准适用于小麦抗穗发芽性的检测。
NY/T 1740—2009		大豆中异黄酮含量的测定 高效液相色谱法	农业部作物品种资源监督检验测试中心、中国农业科学院作物科学研究所	本标准规定了利用高效液相色谱法对大豆中异黄酮化合物分离、检测的方法。本标准适用于大豆籽粒中异黄酮（黄豆苷、黄豆黄素苷和染料木苷）含量的测定。单个异黄酮化合物的最低检出限为20mg/kg。
NY/T 1752—2009		稻米生产良好农业规范	中国水稻研究所、湖南省绿色食品办公室、农业部稻米及制品质量监督检验测试中心	本标准规定了水稻种植和大米加工过程良好规范的基本要求。本标准适用于水稻种植和大米加工过程的质量安全管理。
NY/T 1753—2009		水稻米粉糊化特性测定 快速黏度分析仪法	中国水稻研究所、农业部稻米及制品质量监督检验测试中心	本标准规定了采用快速黏度分析仪测定水稻米粉糊化特性的方法。本标准适用于水稻米粉糊化特性的测定。
NY/T 1788—2009		大豆品种纯度鉴定技术规程 SSR分子标记法	全国农业技术推广服务中心、中国农业科学院作物科学研究所	本标准规定了大豆品种纯度的SSR分子标记检测技术规程。本标准适用于大豆品种纯度鉴定。

标准号	被代替标准号	标准名称	起草单位	范围
NY/T 1795—2009		双低油菜籽等级规格	中国农业科学院油料作物研究所、农业部油料及制品质量监督检验测试中心	本标准规定了双低油菜籽的等级、规格、包装和标识。本标准适用于双低油菜籽。
NY/T 1797—2009		油菜籽中游离脂肪酸的测定滴定法	中国农业科学院油料作物研究所、农业部油料及制品质量监督检验测试中心	本标准规定了滴定法测定油菜籽中游离脂肪酸含量的方法。本标准适用于油菜籽中游离脂肪酸含量的测定。
NY/T 1798—2009		植物油脂中磷脂组分含量的测定 高效液相色谱法	中国农业科学院油料作物研究所、农业部油料及制品质量监督检验测试中心	本标准规定了高效液相色谱法（HPLC法）测定大豆油、菜籽油、花生油中磷脂组分和含量的方法。本标准适用于大豆油、菜籽油、花生油、葵花籽油中磷脂酰胆碱（PC）、磷脂酰乙醇胺（PE）、磷脂酰肌醇（PI）的测定。
NY/T 1799—2009		菜籽饼粕及饲料中噁唑烷硫酮的测定 紫外分光光度法	中国农业科学院油料作物研究所、农业部油料及制品质量监督检验测试中心	本标准规定了采用紫外分光光度法测定菜籽饼粕及其饲料中噁唑烷硫酮的方法。本标准适用于菜籽饼粕及其饲料中噁唑烷硫酮的测定的方法。

2.6 经济作物及产品

标准号	被代替标准号	标准名称	起草单位	范　围
GB/T 15672—2009	GB/T 15672—1995	食用菌中总糖含量的测定	农业部食用菌产品质量监督检验测试中心（上海）、上海市农业科学院农产品质量标准与检测技术研究所、昆明食用菌研究所、天津大学	本标准规定了食用菌中总糖含量的测定方法。 本标准适用于食用菌中总糖含量的测定。
GB/T 15674—2009	GB/T 15674—1995	食用菌中粗脂肪含量的测定	农业部食用菌产品质量监督检验测试中心（上海）、上海市农业科学院农产品质量标准与检测技术研究所、昆明食用菌研究所、天津大学	本标准规定了食用菌中粗脂肪含量的测定方法。 本标准适用于食用菌中粗脂肪含量的测定。
NY/T 1729—2009		芹菜等级规格	农业部蔬菜品质监督检验测试中心（北京）	本标准规定了芹菜等级规格的要求、抽样、包装、标识和图片。 本标准适用于鲜食的叶用芹菜，不适用于根用芹菜。

标准号	被代替标准号	标准名称	起草单位	范　　围
NY/T 1746—2009		甜菜中甜菜碱的测定　比色法	农业部甜菜品质监督检验测试中心	本标准规定了甜菜块根中甜菜碱含量测定的比色法。 本标准适用于甜菜块根中甜菜碱含量的测定。 本标准的线性范围为 0.1mg/mL～12.5mg/mL。 本标准方法的检出限为0.04‰。
NY/T 1747—2009		甜菜栽培技术规范	农业部甜菜品质监督检验测试中心，中国农业科学院甜菜研究所，中国农业科学院经济作物研究所，内蒙古自治区农业科学院，甘肃省甜菜糖业研究所	本标准规定了糖用甜菜生产的基础条件和生产技术规程。 本标准适用于我国甜菜种植区域内糖用甜菜的直播栽培。
NY/T 1750—2009		甜菜丛根病的检验　酶联免疫法	农业部甜菜品质监督检验测试中心	本标准规定了甜菜丛根病的检验方法。 本标准适用于甜菜种植株从根病的检验。
NY/T 1751—2009		甜菜还原糖的测定	农业部甜菜品质监督检验测试中心，中国农业科学院甜菜研究所	本标准规定了甜菜从根中还原糖含量的测定方法。 本标准适用于甜菜块根中还原糖含量的测定。
NY/T 1754—2009		甜菜中钾、钠、α-氮的测定	农业部甜菜品质监督检验测试中心	本标准规定了甜菜块根中钾、钠、α-氮含量的测定方法。 本标准适用于甜菜块根中钾、钠、α-氮含量的测定。

标准号	被代替标准号	标准名称	起草单位	范　围
NY/T 1789—2009		草莓等级规格	中国农业科学院果树研究所、农业部果品及苗木质量监督检验测试中心（兴城）	本标准规定了草莓的等级规格要求、试验方法、检验规则、包装和标识。本标准适用于鲜食草莓。
NY/T 1790—2009		双孢蘑菇等级规格	农业部食用菌产品质量监督检验测试中心（上海）、上海市农业科学院农产品质量标准与检测技术研究所、福建省农业科学院	本标准规定了新鲜双孢蘑菇的等级规格要求、抽样、包装和标识。本标准适用于新鲜双孢蘑菇的等级规格划分。
NY/T 1791—2009		大蒜等级规格	河南省农业科学院农业质量标准与检测技术研究中心、农业部农产品质量监督检验测试中心（郑州）	本标准规定了大蒜的术语和定义、要求、抽样、标志与标识及参考图片。本标准适用于干燥大蒜的分等分级。
NY/T 1792—2009		桃等级规格	全国农业技术推广服务中心、中国农业科学院郑州果树研究所	本标准规定了桃等级规格要求、检验、包装和标识。本标准适用于鲜食桃的分等分级。
NY/T 1793—2009		苹果等级规格	全国农业技术推广服务中心、中国农业科学院果树研究所	本标准规定了苹果果等级、规格要求、检验、包装和标识。本标准适用于鲜食苹果的分等分级。
NY/T 1794—2009		猕猴桃等级规格	全国农业技术推广服务中心、中国农业科学院果树研究所、郑州果树研究所、中新农业科技有限公司	本标准规定了猕猴桃等级、规格要求、检验、包装和标识。本标准适用于鲜猕猴桃的分等分级。

标准号	被代替标准号	标准名称	起草单位	范围
NY/T 1800—2009		大蒜及制品中大蒜素的测定 气相色谱法	农业部农产品质量监督检验测试中心（郑州）、河南省农业科学院农业质量标准与检测技术研究所	本标准规定了大蒜及制品（蒜粉、蒜片、蒜油）中大蒜素类硫醚化合物（二烯丙基三硫醚、二烯丙基二硫醚）含量的气相色谱测定方法。本标准适用于大蒜及制品（蒜粉、蒜片、蒜油）中二烯丙基三硫醚（DATS）、二烯丙基二硫醚（DADS），等大蒜素类硫醚化合物含量的测定。

2.7 转基因及其产品

标准号	被代替标准号	标准名称	起草单位	范围
农业部1193号公告—1—2009		转基因植物及其产品成分检测 耐贮藏番茄D2及其衍生品种 定性PCR方法	农业部科技发展中心、上海交通大学	本标准规定了转基因耐贮藏番茄D2转化体特异性定性PCR检测方法。本标准适用于转基因耐贮藏番茄D2及其衍生品种中D2的定性PCR检测。
农业部1193号公告—2—2009		转基因植物及其产品成分检测 耐除草剂油菜Topas 19/2及其衍生生品种 定性PCR方法	农业部科技发展中心、中国农业科学院油料作物研究所	本标准规定了转基因耐除草剂油菜Topas 19/2转化体特异性定性PCR检测方法。本标准适用于转基因耐除草剂油菜Topas 19/2及其衍生生品种，以及制品中Topas 19/2的定性PCR检测。

标准号	被代替标准号	标准名称	起草单位	范　围
农业部 1193 号公告—3—2009		转基因植物及其产品成分检测　抗虫水稻 TT51－1 及其衍生品种　定性 PCR 方法	农业部科技发展中心、中国农业科学院油料作物研究所、中国检验检疫科学研究院食品安全研究所、中国农业科学院生物技术研究所	本标准规定了转基因抗虫水稻 TT51－1 转化体特异性定性 PCR 检测方法。本标准适用于转基因抗虫水稻 TT51－1 及其衍生品种，以及制品中的定性 PCR 检测。

3 畜牧兽医

3.1 动物检疫、兽医与疫病防治、畜禽场环境

标准号	被代替标准号	标准名称	起草单位	范　围
GB/T 23239—2009		伊氏锥虫病诊断技术	中国农业科学院上海兽医研究所	本标准规定了新鲜血片、薄血涂片染色、毛细管集虫、实验动物接种等病原鉴定方法和乳胶凝集免疫附试验、间接血凝试验和酶联免疫吸附试验等血清学试验技术。 本标准适用于伊氏锥虫病的诊断、检疫、流行病学调查。
NY/T 1755—2009		畜禽舍通风系统技术规程	中国农业科学院农业环境与可持续发展研究所、农业部畜牧环境设施设备质量监督检验测试中心（北京）	本标准规定了畜禽舍通风系统的术语和定义、自然通风系统技术要求。机械通风系统技术要求和机械通风系统设计。 本标准适用于畜禽舍的通风系统设计。

3.2 兽药、畜牧、兽医用器械

标准号	被代替标准号	标准名称	起草单位	范　围
NY/T 1814—2009		绵羊剪毛技术规程	农业部种羊及羊毛羊绒质量监督检验测试中心（乌鲁木齐）、中国农业科学院北京畜牧兽医研究所	本标准规定了绵羊剪毛场地要求、设备要求、羊只前期准备、工作人员要求、操作规程、操作技术内容。 本标准适用于绵羊剪毛。

标准号	被代替标准号	标准名称	起草单位	范　围
NY/T 1818—2009		山羊抓绒技术规程	农业部种羊及羊毛羊绒质量监督检验测试中心（乌鲁木齐）、中国农业科学院北京畜牧兽医研究所	本标准规定了山羊抓绒器具的要求、抓绒前的准备、抓绒步骤和操作规程，本标准适用于山羊抓绒。对其他家畜抓绒亦可参考本标准执行。

3.3　畜禽及其产品

标准号	被代替标准号	标准名称	起草单位	范　围
GB/T 24697—2009		湘西黑猪	湖南农业大学、湖南省畜牧水产局	本标准规定了湘西黑猪的品种特征和种质评分定级。本标准适用于湘西黑猪品种鉴别和种猪等级评定。
GB/T 24698—2009		攸县麻鸭	中国科学院亚热带农业生态研究所、湖南省攸县畜牧水产局、湖南省省畜牧水产局	本标准规定了攸县麻鸭的品种特性、体型外貌及成年鸭体重体尺、繁殖性能和测定方法。本标准适用于攸县麻鸭品种。
GB/T 24699—2009		四川白鹅	四川省畜禽繁育改良总站、南溪县畜牧兽医局、南溪县四川白鹅育种场	本标准规定了四川白鹅的特性特征、体重和体尺、繁殖性能、肉用性能及测定方法。本标准适用于四川白鹅品种。
GB/T 24701—2009		百色马	中国农业大学马研究中心、广西壮族自治区畜禽品种改良站、广西大学、中国马业协会	本标准规定了百色马的主要品种特征和等级评定。本标准适用于百色马的品种鉴定和等级评定。

标准号	被代替标准号	标准名称	起草单位	范　围
GB/T 24702—2009		藏鸡	江苏省家禽科学研究所、农业部家禽品质监督检验测试中心（扬州），西藏自治区畜牧总站，拉萨市农牧局	本标准规定了藏鸡的品种特性、体型外貌、成年体重体尺、生产性能指标及测定方法。 本标准适用于藏鸡品种。
GB/T 24703—2009		岔口驿马	中国农业大学，甘肃省畜禽品种改良站，甘肃省天祝县畜牧兽医站，中国马业协会	本标准规定了岔口驿马的主要品种特征和等级评定方法。 本标准适用于岔口驿马的等级评定。
GB/T 24704—2009		金定鸭	江苏省家禽科学研究所、农业部家禽品质监督检验测试中心（扬州），福建省石狮市水禽保种中心	本标准规定了金定鸭的品种特性、体型外貌、体重体尺、繁殖性能及测定方法。 本标准适用于金定鸭品种。
GB/T 24705—2009		狼山鸡	江苏省家禽科学研究所、农业部家禽品质监督检验测试中心（扬州），江苏省南通市畜牧兽医站	本标准规定了狼山鸡的品种特性、体型外貌、体重体尺、生产性能及测定方法。 本标准适用于狼山鸡品种。
GB/T 24706—2009		连城白鸭	江苏省家禽科学研究所、农业部家禽品质监督检验测试中心（扬州），福建省石狮市水禽保种中心、福建省连城白鸭原种场	本标准规定了连城白鸭的品种特性、体型外貌、体重体尺、繁殖性能及测定方法。 本标准适用于连城白鸭品种。
GB/T 24707—2009		邵伯鸡（配套系）	江苏省家禽科学研究所、农业部家禽品质监督检验测试中心（扬州）	本标准规定了邵伯鸡配套系组成、外貌特征、体重体尺、生产性能及测定方法。 本标准适用于邵伯鸡（配套系）。

标准号	被代替标准号	标准名称	起草单位	范　　围
农业部 1163 号公告—1—2009		动物性食品中己烯雌酚残留检测　酶联免疫吸附测定法	中国农业大学动物医学院、山东省兽药监察所	本标准规定了动物性食品中己烯雌酚残留量的制样和快速检测　酶联免疫吸附测定法。本标准适用于猪肉、猪肝、虾样本中己烯雌酚残留量的快速筛选检测，以及对可疑样品应用仪器筛选方法进行确认。
农业部 1163 号公告—2—2009		动物性食品中林可霉素和大观霉素残留检测　气相色谱法	华中农业大学	本标准规定了动物性食品中林可霉素和大观霉素残留检测的制样和气相色谱法。本标准适用于猪肾脏、猪肌肉、牛肾脏、牛肌肉、鸡肌肉、鸡肾脏、鸡蛋、牛奶中林可霉素和大观霉素单个或多个残留的定量测定。
农业部 1163 号公告—3—2009		动物性食品中双甲脒残留标示物检测　气相色谱法	华中农业大学	本标准规定了动物性食品可食性组织中双甲脒残留标示物检测的气相色谱方法。本标准适用于猪、牛、羊的肌肉、肝脏、肾脏中双甲脒及其代谢物 2,4 - 二甲基苯胺残留量的检测。
农业部 1163 号公告—4—2009		动物性食品中阿苯达唑及其标示物残留检测　高效液相色谱法	华中农业大学	本标准规定了动物可食性组织中阿苯达唑及其标示物阿苯达唑砜、阿苯达唑亚砜和阿苯达唑 2 -氨基砜残留的制样和高效液相色谱残留检测方法。本标准适用于猪、鸡的肌肉、肝脏组织中和牛奶中阿苯达唑及其标示物阿苯达唑砜、阿苯达唑亚砜、阿苯达唑 2 -氨基砜残留检测。

标准号	被代替标准号	标准名称	起草单位	范围
农业部 1163 号公告—5—2009		动物性食品中氨苄西林残留检测 高效液相色谱法	华中农业大学	本标准规定了动物可食性组织和牛奶中氨苄西林残留量检测的制样和高效液相色谱测定方法。本标准适用于猪、牛、鸡的肌肉，猪的肝脏和肾脏，牛的肾脏及牛奶中氨苄西林残留量检测。
农业部 1163 号公告—6—2009		动物性食品中泰乐菌素残留检测 高效液相色谱法	华中农业大学	本标准规定了动物可食性组织和鸡蛋中泰乐菌素残留量检测的制样和高效液相色谱测定方法。本标准适用于猪肝肌肉，肝脏组织和鸡蛋中泰乐菌素残留量检测。
农业部 1163 号公告—7—2009		动物性食品中庆大霉素残留检测 高效液相色谱法	华中农业大学	本标准规定了动物可食性组织和牛奶中庆大霉素残留的高效液相色谱测定方法。本标准适用于猪的肝脏肌肉，鸡的肌肉，牛的肾脏和肌肉，以及牛奶中庆大霉素残留量的测定。
农业部 1163 号公告—8—2009		猪肝中氯丙嗪残留检测 气相色谱—质谱法	农业部动物及动物产品卫生质量监督检验测试中心	本标准规定了动物源性食品中氯丙嗪残留检测的气相色谱/质谱联用法（GC/MS）。本标准适用于猪肝脏组织中氯丙嗪残留量的测定。
NY/T 1758—2009		鲜蛋等级规格	农业部畜禽产品质量监督检验测试中心	本标准规定了鲜蛋的要求、试验方法、检验规则。本标准适用于鲜蛋的生产、收购和销售。

标准号	被代替标准号	标准名称	起草单位	范　围
NY/T 1759—2009		猪肉等级规格	中国农业科学院农业质量标准与检测技术研究所、南京农业大学、中国农业科学院北京畜牧兽医研究所、江苏雨润食品产业集团有限公司	本标准规定了猪肉等级规格的术语和定义、技术要求、评定方法、标志、包装、贮存与运输。本标准适用于商品猪猪胴体和主要分割肉块。
NY/T 1760—2009		鸭肉等级规格	中国农业科学院农业质量标准与检测技术研究所、南京农业大学、中国农业科学院北京畜牧兽医研究所、山东六和集团、内蒙古塞飞亚食品有限责任公司	本标准规定了鸭肉等级规格的术语和定义、技术要求、评定方法、标志、包装、贮存与运输。本标准适用于商品鸭鸭胴体和鸭主要分割产品。
NY/T 1764—2009		农产品质量安全追溯操作规程 畜肉	中国农垦经济发展中心、全国畜牧总站	本标准规定了畜肉质量安全追溯的术语和定义、要求、信息采集、信息管理、追溯标识、编码方法、体系运行、自查和质量安全问题处置。本标准适用于猪、牛、羊等畜肉质量安全追溯。
NY/T 1815—2009		细羊毛分级技术条件及打包技术规程	农业部种羊及羊毛羊绒质量监督检验测试中心（乌鲁木齐）、中国农业科学院北京畜牧兽医研究所	本标准规定了细羊毛分级的准备条件、技术要求、分级方法及判定、细羊毛的包装。本标准适用于细羊毛的套毛除边整理和分级（打包）。

标准号	被代替标准号	标准名称	起草单位	范　围
NY/T 1816—2009		阿勒泰羊	农业部种羊及羊毛羊绒质量监督检验检测中心（乌鲁木齐）、中国农业科学院北京畜牧兽医研究所	本标准规定了阿勒泰羊品种来源、品种特征、外貌特征、生产性能、分级要求等。本标准适用于阿勒泰羊的鉴定、分级、种羊出售或引种。
NY/T 1817—2009		羊毛密度测试方法　毛丛法	农业部种羊及羊毛羊绒质量监督检验检测中心（乌鲁木齐）、中国农业科学院北京畜牧兽医研究所	本标准规定了毛丛测定法测试羊毛密度的术语、测试原理、测定方法等。本标准适用于羊体表毛密度的测定。

3.4　畜禽饲料与添加剂

标准号	被代替标准号	标准名称	起草单位	范　围
NY/T 1748—2009		饲用甜菜	农业部甜菜品质监督检验测试中心	本标准规定了饲用甜菜的术语和定义、质量要求、试验方法、检验规则、标签、运输和贮存。本标准适用于饲用甜菜块根的收购、贮存、运输、销售。

标准号	被代替标准号	标准名称	起草单位	范　围
NY/T 1756—2009		饲料中孔雀石绿的测定	中国农业科学院农业质量标准与检测技术研究所、国家饲料质量监督检验中心（北京）、浙江省饲料监察所	本标准规定了用液相色谱仪和液相色谱—串联质谱仪测定饲料中孔雀石绿含量的方法及其同系物无色孔雀石绿的方法。 本标准分为高效液相色谱法和高效液相色谱—串联质谱法、高效液相色谱—串联质谱法为确证法。 本标准适用于配合饲料、浓缩饲料、添加剂预混合饲料、鱼粉中孔雀石绿和无色孔雀石绿含量的测定。 液相色谱法孔雀石绿和无色孔雀石绿的定量限均为10 ug/ kg；液相色谱—串联质谱法的定量限均为1.0 ug/ kg。
NY/T 1757—2009		饲料中苯并二氮杂䓬类药物的测定 液相色谱—串联质谱法	农业部饲料质量监督检验测试中心（济南）	本标准规定了测定饲料中氯氮草、硝西泮、奥沙西泮、氯硝西泮、劳拉西泮、艾司唑仑、阿普唑仑、三唑仑和地西泮等9种苯并二氮杂䓬类药物含量的液相色谱—串联质谱法（LC—MS/MS）。 本标准适用于配合饲料、浓缩饲料和添加剂预混合饲料。 LC—MS/MS法定量限为0.03 mg/ kg。

（续）

标准号	被代替标准号	标准名称	起草单位	范围
NY/T 1819—2009		饲料中胆碱的测定 离子色谱法	国家饲料质量监督检验中心（北京）、北京英惠尔生物技术有限公司	本标准规定了饲料中胆碱的离子色谱检测方法。本标准适用于配合饲料、添加剂预混合饲料、谷物籽实、饼粕和鱼粉中胆碱的测定。本标准定量限：添加剂预混合饲料为40mg/kg，配合饲料、谷物籽实、饼粕和鱼粉为80mg/kg。
NY/T 1820—2009		肉种鸭配合饲料	中国农业大学［农业部饲料效价与安全监督检验测试中心（北京）］、山东六和集团有限公司、四川铁骑力士实业有限公司、广东天农食品有限公司	本标准规定了肉种鸭配合饲料的要求、试验方法、检验规则、判定规则、标签、包装、运输和贮存。本标准适用于包括中华人民共和国境内生产、加工、包装、销售的肉种鸭配合饲料，进口的在境内销售的肉种鸭配合饲料。本标准不适用于地方品种肉种鸭的配合饲料要求。

4 渔业

4.1 渔药及疾病检疫

标准号	被代替标准号	标准名称	起草单位	范围
农业部 1192 号公告—1—2009		水产苗种违禁药物抽检技术规范	中国水产科学研究院黄海水产研究所	本标准规定了水产苗种药物残留检测的抽样准备、抽样、样品处理、样品保存及运输、样品检测、抽样记录。本标准适用于在生产、销售环节中水产苗种进行违禁药物残留检测，不适用于对水产苗种的检疫及物理性状等的检验。

4.2 水产品

标准号	被代替标准号	标准名称	起草单位	范围
农业部 1163 号公告—9—2009		水产品中己烯雌酚残留检测 气相色谱—质谱法	山东省水产品质量检验中心、山东省海洋水产研究所	本标准规定了水产品中己烯雌酚残留量的气相色谱—质谱测定方法。本标准适用于鱼、虾可食部分中己烯雌酚残留量的测定。

标准号	被代替标准号	标准名称	起草单位	范 围
SC/T 3206—2009	SC/T 3206—2000	干海刺（刺参）	中国水产科学研究院、国家水产品质量监督检验中心、大连市海洋渔业协会、大连棒锤岛海产品集团有限公司、青岛海枝水产品有限公司、好当家集团有限公司、大连獐子岛渔业集团公司	本标准规定了干海参的要求、试验方法、检验规则、标签、包装、贮存、运输。本标准适用于以鲜活刺参（Stichopus japonicus）为原料，经去内脏、煮熟、干燥等工序制成的干海参。以其他品种海参为原料制成的干海参产品可参照执行。
SC/T 3105—2009	SC/T 3105—1988	鲜鳓鱼	福建省水产研究所、福建省水产技术推广总站、福建乐海欣水产实业有限公司	本标准规定了鲜鳓鱼的要求、试验方法、检验规则及标签、包装、运输与贮存。本标准适用于鳓鱼（Ilisha elongata）鲜品。冻鳓鱼解冻后可参照执行。

4.3 渔具材料

标准号	被代替标准号	标准名称	起草单位	范 围
SC/T 5002—2009	SC/T 5002—1995	塑料浮子试验方法 硬质球形	农业部绳索网具产品质量监督检验测试中心	本标准规定了硬质球形塑料浮子的取样与样品准备、外观、直径、质量、重量、浮力试验与浮率计算、工作压力、破碎压力等检验试验方法与浮子的浮率计算。本标准适用于渔用硬质球形塑料浮子检验试验。其他用途和其他开关的硬质塑料浮子检验试验亦可参照使用。

4.4 渔业机械

标准号	被代替标准号	标准名称	起草单位	范围
SC/T 8128—2009		渔用气胀救生筏技术要求和试验方法	农业部渔业船舶检验局	本标准规定了渔用气胀救生筏的技术要求、方法和检验规则。本标准适用于渔用气胀救生筏的生产和检验。

4.5 渔船设备

标准号	被代替标准号	标准名称	起草单位	范围
SC/T 8095—2009		非金属渔业船舶防雷及电气设备接地技术要求	农业部渔业船舶检验局、辽宁渔业船舶检验局、山东渔业船舶检验局、上海渔业船舶检验局、浙江渔业船舶检验局、威海中复西港船艇有限公司	本标准规定了非金属渔业船舶的防雷装置、电气设备、主要金属构件接地的技术要求。本标准适用于带有桅杆的非金属渔业船舶。
SC/T 8127—2009		渔船超低温制冷系统管系制作与安装技术要求	中国渔船渔机行业协会、北京天利深冷设备有限公司、大连轮公司、中信无缝钢管有限公司、浙江科达制冷有限公司	本标准规定了渔船超低温（低于-55℃）制冷系统的管系材料、管系制作、绝热层的包敷、标志、包装、运输的要求。本标准适用于渔船超低温制冷系统管系制作与安装。

标准号	被代替标准号	标准名称	起草单位	范　围
SC/T 8129—2009		渔业船舶鱼舱钢质内胆制作技术要求	大连辽南船厂、福建省东南造船厂、农业部渔业船舶检验局	本标准规定了渔业船舶鱼舱钢质内胆的材料和制作技术要求。在制作方法上推荐内胆钢板搭接和对接的两种方法，使用者可选其一。本标准适用于渔业船舶鱼舱钢质内胆的制作及检验。
SC/T 8130—2009		渔船主机舷外冷却器制作技术要求	黄海造船有限公司、农业部渔业船舶检验局	本标准规定了钢质海洋渔船主机舷外冷却器的结构特点、材料、焊接、冷却介质、冷却面积的确定及结构形式。本标准适用于主机功率为 500 kW 及以下具有箱形龙骨（方形或非方形）结构的钢质海洋渔船主机舷外冷却器的设计、制作及检验。

5 农垦

5.1 剑麻及制品

标准号	被代替标准号	标准名称	起草单位	范　　围
GB/T 15029—2009	GB/T 15029—1994	剑麻白棕绳	农业部剑麻及制品质量监督检验测试中心、广东省湛江农垦局	本标准规定了剑麻白棕绳的术语和定义、产品分类、结构、规格代号和标记、要求、取样和试验、包装和标志、运输和贮存。 本标准适用于以剑麻纤维为原料制成的白棕绳。
GB/T 15030—2009	GB/T 15030—1994	剑麻钢丝绳芯	农业部剑麻及制品质量监督检验测试中心、广东省湛江农垦局	本标准规定了剑麻钢丝绳芯的术语和定义、产品的命名、规格代号和标记、要求、取样和试验、包装和标志、运输和贮存。 本标准适用于以剑麻纤维为原料制成的钢丝绳芯。
GB/T 15031—2009	GB/T 15031—1994	剑麻纤维	农业部剑麻及制品质量监督检验测试中心、广东省湛江农垦局	本标准规定了剑麻纤维的术语和定义、产品代号和标记、要求、试验方法及标志、运输和贮存。 本标准适用于以剑麻叶片抽取的纤维。

标准号	被代替标准号	标准名称	起草单位	范围
NY/T 247—2009	NY/T 247—1995	剑麻纱线细度均匀度的测定 片段长度称重法	农业部剑麻及制品质量监督检验测试中心	本标准规定了用片段长度称重法测定剑麻纱线细度均匀度的方法。本标准适用于剑麻纤维为原料纺制的纱线。
NY/T 250—2009	NY/T 250—1995	剑麻纱线断裂强力的测定	农业部剑麻及制品质量监督检验测试中心	本标准规定了剑麻纱线断裂强力的测定方法。本标准适用于剑麻纤维为原料纺制的纱线。
NY/T 1802—2009		剑麻产品质量分级规则	农业部剑麻及制品质量监督检验测试中心	本标准规定了剑麻产品质量的分级原则、分级要求、等级评定及等级标志。本标准适用于剑麻纤维及制品质量的分级。

5.2 热作加工机械

标准号	被代替标准号	标准名称	起草单位	范围
NY/T 1801—2009		剑麻加工机械 纤维干燥设备	中国热带农业科学院农业机械研究所	本标准规定了剑麻加工机械纤维干燥设备的术语和定义、型号规格、技术要求、检验规则及标志与包装要求。本标准适用于将剑麻的湿纤维由载麻链板传送，以热气流连续干燥的干燥设备。

（续）

标准号	被代替标准号	标准名称	起草单位	范围
NY/T 259—2009	NY/T 259—1994	剑麻加工机械 并条机	农业部热带作物机械质量监督检验测试中心、广东省湛江农垦第二机械厂	本标准规定了剑麻加工机械并条机的术语和定义、产品型号规格、主要技术参数、技术要求、试验方法、检验规则及标识、包装、运输和贮存等要求。本标准适用于剑麻加工机械并条机。

5.3 热作产品

标准号	被代替标准号	标准名称	起草单位	范围
GB/T 15033—2009/ ISO 4149：2005	GB/T 15033—1994	生咖啡 嗅觉和肉眼检验以及杂质和缺陷的测定	中国热带农业科学院农产品加工研究所	本标准规定了生咖啡（green coffee）的嗅觉和肉眼的测定以及杂质和缺陷的测定方法。本标准适用于生咖啡的嗅觉和肉眼质量和缺陷的测定。
GB/T 15034—2009	GB/T 15034—1994	芒果 贮藏导则	广西亚热带作物研究所	本标准规定了鲜食芒果（Mangigera indica Linn）的贮藏条件及获得这些条件的方法。本标准适用于主要商业品种，其他品种也可参照使用。
GB/T 17822.1—2009	GB/T 17822.1—1999	橡胶树种子	中国热带农业科学院橡胶研究所、国家重要热带作物工程技术研究中心	本标准规定了橡胶树（Hevea brasiliensis Muell-Arg）种子的术语和定义、质量要求、检验规则、标志、抽样、贮存和运输。本标准适用于培育橡胶树实生砧苗或橡胶树有性系的橡胶树种子。

标准号	被代替标准号	标准名称	起草单位	范　围
NY/T 1687—2009		澳洲坚果种质资源鉴定技术规范	中国热带农业科学院南亚热带作物研究所、国家重要热带作物工程技术研究中心、中国热带农业科学院热带作物品种资源研究所	本标准规定了澳洲坚果（*Macadamia integrifolia* L. A. S. Johnson）种质资源的植物学特征、生物学特性和果实性状的鉴定方法。本标准适用于澳洲坚果种质资源的鉴定。
NY/T 1688—2009		腰果种质资源鉴定技术规范	中国热带农业科学院南亚热带作物研究所、国家重要热带作物工程技术研究中心、中国热带农业科学院热带作物品种资源研究所	本标准规定了腰果（*Anacardium occidentale* L.）种质资源的植物学特征、生物学特性和果实性状的鉴定方法。本标准适用于腰果种质资源的鉴定。
NY/T 1689—2009		香蕉种质资源描述规范	中国热带农业科学院热带作物品种资源研究所、国家重要热带作物工程技术研究中心、广东省农业科学院果树研究所	本标准规定了香蕉种质资源的基本信息、形态特征、生长发育特性及结果习性、品质特性的要求和描述方法。本标准适用于香蕉种质资源描述。
NY/T 1690—2009		香蕉种质资源离体保存技术规程	中国热带农业科学院热带作物品种资源研究所、国家重要热带作物工程技术研究中心、农业部热带作物种质资源利用重点开放实验室	本标准规定了香蕉（*Musa nana* Lour.）种质资源离体保存技术的术语和定义、基本要求、技术指标等相关内容。本标准适用于香蕉种质资源的常温、低温和超低温离体保存。
NY/T 1691—2009		荔枝、龙眼种质资源描述规范	中国热带农业科学院南亚热带作物研究所、国家重要热带作物工程技术研究中心、福建省农业科学院果树研究所、广东省农业科学院果树研究所	本标准规定了无患子科（Sapindaceae）荔枝属（*Litchi* Sonn.）和龙眼属（*Dimocarpus* Lour.）种质资源的基本信息、植物学特性、生物学特征和品质特性的描述方法。本标准适用于荔枝、龙眼种质资源的描述。

标准号	被代替标准号	标准名称	起草单位	范围
NY/T 1692—2009		热带牧草品种资源抗性鉴定 柱花草抗炭疽病鉴定 技术规程	中国热带农业科学院生物 技术研究所、国家重要热 带作物工程技术研究中 心、中国热带农业科学院 热带作物品种资源研究 所、海南大学环境与植物 保护学院	本标准规定了柱花草炭疽病 [*Colleto-trichum gloeosporioides*（Penz.）Sacc.] 鉴定的术语定义、试验方法和 基本要求。 本标准适用于柱花草（*Stylosanthes* spp.）品种及其种质对炭疽病的抗性 鉴定。
NY/T 1693—2009		芦荟及制品中芦荟苷的测 定 高效液相色谱法	中国热带农业科学院热带 作物品种资源研究所	本标准规定了芦荟及其制品中芦荟苷 （Barbaloin）含量的高效液相色谱测定 方法。 本标准适用于食用芦荟及其制品中芦 荟苷含量的测定。 本方法的最低检出量为 0.05 mg/kg。
NY/T 1694—2009		芒果象甲检疫技术规范	中国热带农业科学院环境 与植物保护研究所、国家 重要热带作物工程技术研 究中心、农业部热带农林 有害生物入侵监测与控制 重点开放实验室	本标准规定了为害芒果果实的芒果象 属 *Sternochetus* 3 个重要种类 *Sterno-chetus frigidus*（Fabricius）、*Ster-nochetus mangiferae*（Fabricius）和 *Sternochetus olivieri*（Faust）的与检 疫有关的术语、定义和检疫依据及现 场检疫、实验室检疫、检疫监管和检 疫处理等技术规范。 本标准适用于调运芒果植物种苗、种 子和芒果鲜果时对 3 种芒果象甲的检 疫监管及检疫处理。

标 准 号	被代替标准号	标准名称	起草单位	范 围
NY/T 1695—2009		椰心叶甲检疫技术规范	中国热带农业科学院环境与植物保护研究所、国家重要热带作物工程技术研究中心、农业部热带农林有害生物入侵监测与控制重点开放实验室	本标准规定了棕榈科植物重要害虫椰心叶甲的与检疫有关的术语和定义、检疫依据、现场检验、实验室检验、检疫监管和检疫处理等技术规范。本标准适用于棕榈科植物种苗木、植株、鲜切叶调运时对椰心叶甲的检疫监管和检疫处理。
NY/T 1696—2009		棕榈象甲检疫技术规范	中国热带农业科学院环境与植物保护研究所、国家重要热带作物工程技术研究中心、农业部热带农林有害生物入侵监测与控制重点开放实验室	本标准规定了棕榈科植物重要害虫棕榈象甲的检疫依据及现场检验、实验室检验、检疫监管和检疫处理等技术规范。本标准适用于棕榈科植物种苗调运时对棕榈象甲的检疫监管和检疫处理。
NY/T 1697—2009		番木瓜病虫害防治技术规范	中国热带农业科学院环境与植物保护研究所、国家重要热带作物工程技术研究中心	本标准规定了番木瓜（Carica papaya Linn.）病虫害防治技术规范的术语和定义、防治对象及防治要求等技术。本标准适用于我国番木瓜主要病虫害的防治。
NY/T 1698—2009		小粒种咖啡病虫害防治技术规程	云南省热带作物学会、云南省德宏傣族景颇族自治州热带农业科学研究所	本标准规定了小粒种咖啡（Coffea ara-bica L.）主要病虫害防治的原则、措施及推荐使用药剂等技术。本标准适用于中国咖啡产区小粒种咖啡主要病虫害的防治。

标准号	被代替标准号	标准名称	起草单位	范　围
NY/T 1808—2009		芒果 种质资源描述规范	中国热带农业科学院南亚热带作物研究所、国家重要热带作物工程技术研究中心	本标准规定了漆树科（Anacardiaceae）芒果属（Mangifera）种质资源描述的要求与方法。本标准适用于芒果种质属种质资源描述。
NY/T 1809—2009		番荔枝 种质资源描述规范	中国热带农业科学院南亚热带作物研究所、国家重要热带作物工程技术研究中心	本标准规定了番荔枝科（Annonaceae）番荔枝属（Annona）种质资源描述的要求与方法。本标准适用于芒果种质属种质资源描述。

5.4 天然橡胶

标准号	被代替标准号	标准名称	起草单位	范　围
NY/T 229—2009	代替 NY/T 229—1994	天然生胶 胶清橡胶	中国热带农业科学院农产品加工研究所、国家重要热带作物工程技术研究中心、广垦橡胶集团有限公司茂名分公司	本标准规定了天然生胶、胶清橡胶两个级别的要求、试验方法、包装、标识、贮存和运输。本标准适用于天然胶乳离心浓缩过程中分离出来的胶清经加工而成的胶清橡胶。
NY/T 1811—2009		天然生胶 凝胶标准橡胶生产技术规程	中国热带农业科学院农产品加工研究所、国家重要热带作物工程技术研究中心	本标准规定了凝胶标准橡胶生产工艺流程及设备、设施、生产工艺控制及技术要求以及产品质量控制。本标准适用于杯用凝胶、胶线、早凝胶块、胶园及收胶站凝固的凝固橡胶块生产标准橡胶。

标准号	被代替标准号	标准名称	起草单位	范　围
NY/T 1812—2009		天然棕榈纤维软垫粘合专用胶乳	中国热带农业科学院农产品加工研究所、国家重要热带作物工程技术研究中心、中国热带农业科学院椰子研究所、江西德畅集团	本标准规定了用浓缩天然胶乳与尿素—甲醛/尿素—三聚氰胺氨塑脂为原料制备的天然棕榈纤维软垫粘合专用胶的技术要求、试验方法、检验规则及包装、标识、贮存和运输。本标准适用于巴西橡胶树所产的、浓缩后高氨保存的胶乳与尿素—甲醛/尿素—三聚氰胺氨塑脂制备的天然棕榈纤维软垫粘合专用胶。
NY/T 1813—2009		浓缩天然胶乳氨保存离心低蛋白质胶乳生产技术规程	中国热带农业科学院农产品加工研究所、国家重要热带作物工程技术研究中心、农业部天然橡胶质量监督检验测试中心	本标准规定了浓缩天然胶乳氨保存离心低蛋白质胶乳的生产工艺流程及设施、生产操作要求及质量控制、包装、标识、贮存和运输。本标准适用于以鲜胶乳经蛋白质酶水解、离心生产的氨保存低蛋白质胶乳。

5.5　热作种子种苗栽培

标准号	被代替标准号	标准名称	起草单位	范　围
NY/T 1681—2009		木薯生产良好操作规范（GAP）	中国热带农业科学院热带作物品种资源研究所、国家重要热带作物工程技术研究中心	本标准规定了木薯（*Manihot esculenta* Crantz）生产良好操作规范的要求，适用于对木薯生产良好操作规范的符合性判定。

标准号	被代替标准号	标准名称	起草单位	范　围
NY/T 1682—2009		椰纤果生产良好操作规范	中国热带农业科学院椰子研究所、国家热带作物工程技术研究中心、海南椰国食品有限公司、海南亿德食品有限公司	本标准规定了椰纤果生产工厂厂区环境、厂房及设施、设备、机构与人员、卫生管理、生产过程管理、品质管理、贮存与运输管理、管理制度的建立和考核、标识等方面的良好操作规范。本标准适用于生产椰纤果的工厂。
NY/T 1683—2009		主要热带草坪草种子种苗	中国热带农业科学院南亚热带作物研究所、国家热带作物工程技术研究中心	本标准规定了热带草坪草的术语和定义、要求、试验方法、检验规则、标签、包装、运输和贮存。本标准适用于狗牙根 Cynodon dactylon（L.）Pers.、地毯草 Axonopus compressus（Swartz）Beauv.、华南半细叶结缕草 Zoysia matrella cv. Huanan、平托花生 Arachis pintoi cv. Amarillo 的种子种苗。
NY/T 1684—2009		柱花草种子生产技术规程	中国热带农业科学院热带作物品种资源研究所热带牧草研究中心、国家重要热带作物工程技术研究中心	本标准规定了柱花草（Stylosanthes spp.）种子生产的术语和定义、生产用地选择、育苗、垦地与定植、田间管理、主要病虫害防治、采收等技术及种子生产单位和个人资质的要求。本标准适用于柱花草种子的生产。
NY/T 1685—2009		木薯嫩茎种苗快速繁殖技术规程	中国热带农业科学院热带作物品种资源研究所、国家重要热带作物工程技术研究中心	本标准规定了木薯（Stylosanthes spp.）嫩茎种苗繁殖的立地条件、品种与嫩茎枝选择、种植方法、温湿调控、水肥管理、病虫害防治等技术要求。本标准适用于木薯嫩茎种苗的快速繁殖生产。

标准号	被代替标准号	标准名称	起草单位	范围
NY/T 1686—2009		橡胶树育苗技术规程	中国热带农业科学院橡胶研究所，国家重要热带作物工程技术研究中心	本标准规定了橡胶树苗木培育术语定义、原种圃建设与原种增殖、增殖圃建设与芽条增殖、橡胶树种子生产、地播苗圃建设与实生苗培育、芽接桩苗起苗、芽接桩苗培育、袋接苗、袋育芽接苗培育、高截干培育和有性系树桩培育的要求等。本标准适用于国内橡胶树育苗生产和管理。
NY/T 1786—2009		农作物品种鉴定规范 甘蔗	农业部甘蔗及制品质量监督检验测试中心，广东省湛江农垦科学研究所	本标准规定了甘蔗品种鉴定的术语和定义及品种评价。本标准适用于甘蔗品种鉴定。
NY/T 1796—2009		甘蔗种苗	农业部甘蔗及制品质量监督检验测试中心	本标准规定了甘蔗种苗的术语与定义、质量指标、检验方法、包装、标志、运输和贮存的方法。本标准适用于甘蔗种苗茎以及通过腋芽或茎尖组织培养技术培育的不带甘蔗花叶病毒 [（$Sugarcane\ Mosaic\ Virus$, ScMV）和 $Sugarcane\ Sorghum\ Mosaic\ Virus$（SrMV）] 和甘蔗根矮化病菌 [$Lcifsomia\ xyli$ subsp. $xyli$（Lxx）或 $Clavibacter\ xyli$ subsp. $xyli$（Cxx）] 的甘蔗脱毒种苗的质量鉴定。
NY/T 1810—2009		椰子 种质资源描述规范	中国热带农业科学院椰子研究所，国家重要热带作物工程技术研究中心	本标准规定了棕榈科（Arecaceae）椰子属（Cocos）中的椰子（$Cocos\ nucifera$ L.）种质资源描述的要求和方法。本标准适用于椰子种质资源的描述。

6 农牧机械

6.1 农业机械综合

标准号	被代替标准号	标准名称	起草单位	范　围
NY/T 1766—2009		农业机械化统计基础指标	农业部农业机械化管理司、农业部农业机械试验鉴定总站、山东省农业机械管理办公室、江苏省农业机械管理局、中国一拖集团有限公司	本标准规定了农业机械化管理统计的基础指标。本标准适用于农业机械化管理统计工作。采用本标准时，可以根据实际需要将指标进一步细化。
NY/T 1775—2009		植保机械操作工	农业部农机行业职业技能鉴定指导站	本标准规定了植保机械操作工职业的术语和定义、基本要求、工作要求。本标准适用于植保机械操作工的职业技能鉴定。
NY/T 1776—2009		插秧机操作工	农业部农机行业职业技能鉴定指导站	本标准规定了插秧机操作工职业的术语和定义、基本要求、工作要求。本标准适用于插秧机操作工的职业技能鉴定。
NY/T 1777—2009		挖掘机驾驶员	农业部农机行业职业技能鉴定指导站	本标准规定了挖掘机驾驶员职业的术语和定义、基本要求、工作要求。本标准适用于挖掘机驾驶员的职业技能鉴定。

6.2 拖拉机

标准号	被代替标准号	标准名称	起草单位	范　围
NY/T 1767—2009		农业轮式拖拉机适用性试验方法	农业部农业机械试验鉴定总站、江苏省农业机械试验鉴定站、黑龙江省农业机械试验站、中国一拖集团有限公司、江苏悦达盐城拖拉机制造有限公司	本标准规定了农业轮式拖拉机与配套农机具在实际使用条件下的适用性试验的验收、测量单位、试验设备、试验主要仪器设备、试验要求、试验条件、试验内容、田间使用试验数据计算、用户调查、试验报告。本标准适用于农业轮式拖拉机适用性试验。
NY/T 1772—2009		拖拉机驾驶培训机构通用要求	安徽省农业机械管理局	本标准规定了拖拉机驾驶培训机构的术语和定义、主体资格、组织机构、岗位职责和管理制度、人员、教练机、教练场地、教学设备、教室等要求。本标准适用于拖拉机驾驶培训机构的评价。
NY/T 1773—2009		节油型农业轮式拖拉机燃油经济性评价指标	农业部农业机械试验鉴定总站（中国农机产品质量认证中心）、国家拖拉机质量监督检验中心	本标准规定了节油型农业轮式拖拉机燃油经济性评价指标。本标准适用于以小于73.5kW柴油发动机为动力的农业轮式拖拉机。
NY/T 1830—2009		拖拉机和联合收割机安全监理检验技术规范	中国农业大学、山东省农业机械安全监理站、河北省农机安全监理总站、江苏省农机安全监理站、广东省农机安全监理站、石家庄华燕交通科技有限公司、山东科大微机应用研究所有限公司	本标准规定了拖拉机和联合收割机安全检验的流程、项目和方法。本标准适用于拖拉机和联合收割机的需登记管理的注册登记检验和年度检验。

6.3 其他农机具

标准号	被代替标准号	标准名称	起草单位	范　　围
NY/T 1768—2009		免耕播种机　质量评价技术规范	农业部农业机械试验鉴定总站、甘肃省农业机械鉴定站	本标准规定了免耕播种机的质量指标、检验方法和检验规则。 本标准适用于小麦带条免耕条播机和玉米免耕条播机、精播机、穴播播种机的质量评定，其他作物免耕播种机的质量评定可参照执行。
NY/T 1769—2009		拖拉机安全标志、操纵机构和显示装置用符号技术要求	农业部农业机械试验鉴定总站、约翰迪尔天拖有限公司、中国一拖集团有限公司、四川省农业机械鉴定站、江苏省农业机械鉴定站、河北省定兴县佳丽彩印厂	本标准规定了拖拉机安全标志、操纵机构和显示装置用符号的技术要求。 本标准适用于手扶拖拉机、轮式和履带拖拉机，其他变型产品可参照执行。
NY/T 1770—2009		甘蔗剥叶机　质量评价技术规范	广西壮族自治区农业机械鉴定站、广西壮族自治区农业机械化技术推广总站	本标准规定了甘蔗剥叶机的产品质量评价指标、试验方法和检验规则。 本标准适用于甘蔗剥叶机的产品质量评定。
NY/T 1771—2009		机采棉轧花机械操作技术规程	农业部棉花机械质量监督检验测试中心、新疆维吾尔自治区生产建设兵团农机局	本标准规定了机采棉轧花机械术语和定义、技术要求、工艺过程要求和操作规程。 本标准适用于机采棉轧花机械，其他型式的轧花机械可参照执行。

标准号	被代替标准号	标准名称	起草单位	范　围
NY/T 1774—2009		农用挖掘机　质量评价技术规范	农业部农业机械试验鉴定总站、江苏省农机试验鉴定站、四川省农业机械试验鉴定站、山东省农业机械科学研究所、中国一拖集团有限公司、江苏悦达盐城拖拉机制造有限公司	本标准规定了农用挖掘机的质量要求、检测方法和检验规则。本标准适用于农用挖掘机质量评定。
NY/T 1821—2009		根茬粉碎还田机安全技术要求	吉林省农业机械试验鉴定站、四平市农丰乐机械制造有限公司、长春集团国有限公司技术中心	本标准规定了根茬粉碎还田机安全防护、安全标志和使用信息安全要求。本标准适用于根茬粉碎还田机。
NY/T 1822—2009		谷物播种机具使用效果综合评价方法	农业部农业机械化技术开发推广中心	本标准规定了谷物播种机具（对施肥器不做评价）的作业性能、经济性、可靠性和调整方便性评价指标及其抽样、测量、计算和评价方法。本标准适用于谷物播种机（含条播机、穴播机和单粒播种机）的使用效果综合评价。
NY/T 1823—2009		温室蔬菜穴盘精密播种机技术条件	北京市农业机械试验鉴定推广站、北京市海淀区农业机械研究所	本标准规定了温室蔬菜穴盘精密播种机的技术要求、试验方法、检验规则和标志、包装、运输与贮存。本标准适用于温室蔬菜穴盘播种的单粒蔬菜播种机（以下简称穴盘精播机）。

标准号	被代替标准号	标准名称	起草单位	范　围
NY/T 1824—2009		番茄收获机作业质量	新疆天业集团有限公司、新疆生产建设兵团农机技术推广站	本标准规定了番茄收获机作业的质量要求、检验方法和检验规则。 本标准适用于加工用番茄收获机作业质量的评定。
NY/T 1825—2009		穴灌播种机　质量评价技术规范	辽宁省农业机械化研究所、黑龙江省农业机械试验鉴定站、河北省农业机械鉴定站	本标准规定了穴灌播种机的质量评价指标、检测方法和判定规则。 本标准适用于穴灌播种机的质量评定。
NY/T 1826—2009		机械施药危害性评估指南	农业部南京农业机械化研究所、中国农业机械科学研究院、山东华盛机械股份有限公司	本标准规定了机械施药危害性评估项目的、危害等级划分、评估程序和评估报告。 本标准适用于施药机（器）械喷洒农药的危害性评估。
NY/T 1827—2009		小型射流泵	农业部水泵质量监督检验测试中心、广东凌霄泵业股份有限公司、浙江大元泵业有限公司	本标准规定了小型射流泵的型式、型号和基本参数、技术要求、试验方法、检验规则以及标志、包装、运输和贮存。 本标准适用于电机额定功率不大于2 200 W、且与电机同轴同体、内置射流器、安装在液上抽水或增压应用的射流泵（以下简称电泵）。
NY/T 1828—2009		机动插秧机　质量评价技术规范	农业部农业机械试验鉴定总站、江苏省农业机械试验鉴定站	本标准规定了机动插秧机的质量要求、检验方法和检验规则。 本标准适用于机动插秧机（以下简称插秧机）的质量评定。

标准号	被代替标准号	标准名称	起草单位	范　　围
NY/T 1829—2009		农业机械化管理统计规范	农业部农业机械化管理司、农业部农业机械试验鉴定总站、山东省农业机械管理办公室、江苏省农业机械管理局、陕西省农业机械化管理局	本标准规定了农业机械化管理统计的原则、机构和人员、报表制度、数据收集和处理、资料保密和归档。本标准适用于农业机械化管理统计工作。
NY/T 1831—2009		温室覆盖材料保温性能测定方法	中国农业大学农业部设施农业工程重点开放实验室、农业部规划设计研究院	本标准规定了温室覆盖材料保温性能的术语和定义、评价参数、测试原理、测试设备、测试条件、试件及安装、测点布置与测试方法。本标准适用于温室的单层覆盖和多层覆盖材料的保温性能测评，其他农业设施覆盖材料的保温性能测评也可参照执行。
NY/T 1832—2009		温室钢结构安装与验收规范	农业部规划设计研究院、北京碧斯凯农业科技有限公司	本标准规定了温室钢结构安装与验收的术语和定义、一般要求、材料和成品进场检验及现场堆放与贮存、主体结构安装及检验规则。本标准适用于轻型钢结构为主体的连栋温室，不适用于大跨度异型钢结构温室。钢结构塑料大棚和日光温室的安装与验收可参照执行。

7 农村能源

7.1 沼气

标准号	被代替标准号	标准名称	起草单位	范　围
NY/T 1699—2009		玻璃纤维增强塑料户用沼气池技术条件	农业部沼气科学研究所、农业部沼气产品及设备质量监督检验测试中心、成都郫县奇实业股份有限公司、安徽池州星野生态能源开发有限公司	本标准规定了以树脂为基体、以玻璃纤维为增强材料，以树脂为基体的玻璃钢户用沼气池产品的技术要求、试验方法、检验规则和标志、运输等内容。本标准适用于接触成型（含手糊、喷射工艺）、片状模塑料（SMC）模压成型、树脂传递模塑（RTM）成型和缠绕成型工艺的玻璃钢料户用沼气池和户用沼气池拱。
NY/T 1700—2009		沼气中甲烷和二氧化碳的测定　气相色谱法	农业部沼气产品及设备质量监督检验测试中心	本标准规定了沼气中甲烷和二氧化碳的实验方法。本标准适用于沼气中甲烷和二氧化碳的测定。
NY/T 1702—2009		生活污水净化沼气池技术规范	农业部沼气科学研究所、四川省农村能源办公室、重庆市农村能源办公室、浙江省农村能源办公室、江西省农村能源办公室、湖南省农村能源办公室、江苏省农村能源办公室、广东省农村能源办公室、福建省省农村能源办公室	本标准适用于小城镇和村村镇及排水管网覆盖不到的城市生活污水净化池的设计、工程质量验收和运行管理的技术要求和方法。本标准准规定了净化池的建造。

标准号	被代替标准号	标准名称	起草单位	范　围
NY/T 1704—2009		沼气电站技术规范	农业部沼气科学研究所，济南柴油机股份有限公司，胜利油田胜利动力机械集团有限公司，农业部沼气产品及设备质量监督检验测试中心	本标准规定了沼气发电站的总体布置、基本建设内容、安全运行等要求。本标准适用于装机容量10kW～10 000kW的沼气发电站。

7.2　新型燃料、节能

标准号	被代替标准号	标准名称	起草单位	范　围
NY/T 58—2009	NY/T 58—1987	民用火炕性能试验方法	中国农村能源行业协会节能炉具专业委员会，北京市环境保护科学研究院、北京节能环保中心、辽宁省农村能源办公室，黑龙江省农村能源锅炉行业协会，哈尔滨市承宝锅炉有限公司，北京金荣升炉具厂	本标准规定了民用火炕的热性能和环保性能试验方法。本标准适用于具有采暖功能、独立使用的民用火炕。民用炕连灶可参照执行。
NY/T 1701—2009		农作物秸秆资源调查与评价技术规范	农业部规划设计研究院	本标准规定了农作物秸秆资源的调查的调查范围、调查内容、调查方法、评价指标和计算方法等。本标准主要适用于谷物、豆类、薯类、油料、棉花等农作物秸秆资源的调查与评价，其中不计被调查区域播种面积小于总播种面积5%的农作物秸秆。其他农作物秸秆资源的调查与评价可参照执行。

标准号	被代替标准号	标准名称	起草单位	范　围
NY/T 1703—2009		民用水暖炉采暖系统安装及验收规范	中国农村能源行业协会节能炉具专业委员会、北京节能环保有限公司、河北光磊集团采暖设备有限公司、山东多乐集团采暖设备厂、石家庄春燕采暖设备有限公司、北京桑宝阳光科技开发有限公司、河北鑫华新钢炉设备有限公司、天津华能集团能源设备有限公司	本标准规定了民用水暖炉自然循环采暖系统的安装、施工及验收规范。本标准适用于采暖系统最高高度不超过10m，炉具出口水温不高于85℃的民用水暖炉采暖系统。

8 绿色食品

8.1 综合

标准号	被代替标准号	标准名称	起草单位	范　　围
NY/T 1710—2009		绿色食品　水产调味品	广东海洋大学，广东省湛江市质量计量监督检测所	本标准规定了绿色食品水产调味品的术语和定义、要求、试验方法、检验规则、标签、标志、包装、运输和贮存。本标准适用于绿色食品水产调味品，包括蚝油、鱼露、虾酱、虾油和海鲜粉调味料等产品。
NY/T 1713—2009		绿色食品　茶饮料	农业部乳品质量监督检验测试中心	本标准规定了绿色食品茶饮料的术语和定义、产品分类、要求、试验方法、检验规则、标签和标志、包装、运输和贮存。本标准适用于绿色食品茶饮料；不适用于仅以水果或果树叶（如沙棘叶）为主原料的茶饮料。

8.2 植物性产品

标准号	被代替标准号	标准名称	起草单位	范　围
NY/T 420—2009	NY/T 420—2000	绿色食品　花生及制品	农业部食品质量监督检验测试中心（济南）、山东省花生研究所	本标准规定了对绿色食品花生及制品的术语和定义、要求、试验方法、检验规则、标志、标签、包装、运输和贮存。 本标准适用于绿色食品花生及制品；不适用于花生油、花生饮料和花生饼、粕。
NY/T 431—2009	NY/T 431—2000	绿色食品　果（蔬）酱	农业部食品质量监督检验测试中心（石河子）、新疆出入境检验检疫局、中粮新疆屯河股份有限公司	本标准规定了对绿色食品果（蔬）酱的术语和定义、要求、试验方法、检验规则、标志、标签、包装、运输和贮存。 本标准适用于以水果、番茄为主要原料，经破碎、打浆、灭菌、浓缩等工艺生产的绿色食品块状酱或泥状酱；不适用于辣椒酱和以粮食为主要原料生产的豆酱、面酱产品。
NY/T 436—2009	NY/T 436—2000	绿色食品　蜜饯	农业部乳品质量监督检验测试中心	本标准规定了对绿色食品蜜饯的术语和定义、分类、要求、标志、试验方法、检验规则、标签、包装、运输和贮存。 本标准适用于绿色食品蜜饯。

标准号	被代替标准号	标准名称	起草单位	范　围
NY/T 1711—2009		绿色食品　辣椒制品	农业部食品质量监督检验测试中心（成都）	本标准规定了绿色食品辣椒制品的术语和定义、要求、试验方法、标志、包装、运输和贮存。本标准适用于绿色食品辣椒制品，不适用于辣椒油。
NY/T 1714—2009		绿色食品　婴幼儿谷粉	中国科学院沈阳应用生态研究所农产品安全与环境质量检测中心	本标准规定了绿色食品婴幼儿谷粉的术语和定义、产品分类、要求、试验方法、检验规则、标签、标志、包装、运输与贮存。本标准适用于以一种或几种谷类为主要原料，经加工制成的供 3 岁以下婴幼儿食用的粉状或片状食品。

8.3　动物性产品

标准号	被代替标准号	标准名称	起草单位	范　围
NY/T 843—2009	NY/T 843—2004	绿色食品　肉及肉制品	农业部食品质量监督检验测试中心（郑州）	本标准规定了对绿色食品肉及肉制品的术语和定义、产品分类、检验规则、标志、包装、运输和贮存。本标准适用于绿色食品畜肉（包括猪肉、牛肉、羊肉、兔肉、驴肉等）及畜禽肉（包括腌腊肉制品、酱卤肉制品、熏烧烤肉制品、熏煮香肠火腿制品、肉干制品及肉类罐头制品）；不适用于辐照畜禽肉及其制品和可食用畜禽副产品。

8.4 水产品

标准号	被代替标准号	标准名称	起草单位	范　围
NY/T 1709—2009		绿色食品　藻类及其制品	广东海洋大学、广东省湛江市质量计量监督检测所	本标准规定了绿色食品藻类及其制品的要求、试验方法、检验规则、标签、包装、运输和贮存。本标准适用于绿色食品藻类及其制品，包括干海带、盐渍海带、即食海带、干紫菜、即食紫菜、盐渍裙带菜、即食裙带菜、螺旋藻粉、螺旋藻片和螺旋藻胶囊等产品。
NY/T 1712—2009		绿色食品　干制水产品	国家水产品质量监督检验中心、青岛市产品质量监督检验所	本标准规定了绿色食品干制水产品的术语和定义、要求、试验方法、检验规则、标签、包装、运输和贮存。本标准适用于绿色食品干制水产品，包括鱼类干制品、虾类干制品、贝类干制品和其他类干制水产品；本标准不适用于干海参和藻类干制品。

9 有机食品

标准号	被代替标准号	标准名称	起草单位	范　围
NY/T 1733—2009		有机食品　水稻生产技术规程	吉林省有机农产品协会	本标准规定了有机食品——水稻生产技术的术语和定义、种植要求、资料记录和有机认证。本标准适用于有机食品——水稻的生产。

图书在版编目（CIP）数据

农业国家与行业标准概要.2009/农业部农产品质
量安全监管局，农业部科技发展中心编.—北京：中国
农业出版社，2010.12
　ISBN 978-7-109-15279-3

　Ⅰ.①农… Ⅱ.①农…②农… Ⅲ.①农业—国家标
准—中国—2009②农业—行业标准—中国—2009 Ⅳ.
①S-65

　中国版本图书馆 CIP 数据核字（2010）第 244806 号

中国农业出版社出版
（北京市朝阳区农展馆北路2号）
（邮政编码 100125）
责任编辑　舒　薇

北京通州皇家印刷厂印刷　　新华书店北京发行所发行
2010 年 12 月第 1 版　　2010 年 12 月北京第 1 次印刷

开本：889mm×1194mm　1/16　印张：5
字数：115 千字　印数：1～1 600 册
定价：20.00 元
（凡本版图书出现印刷、装订错误，请向出版社发行部调换）